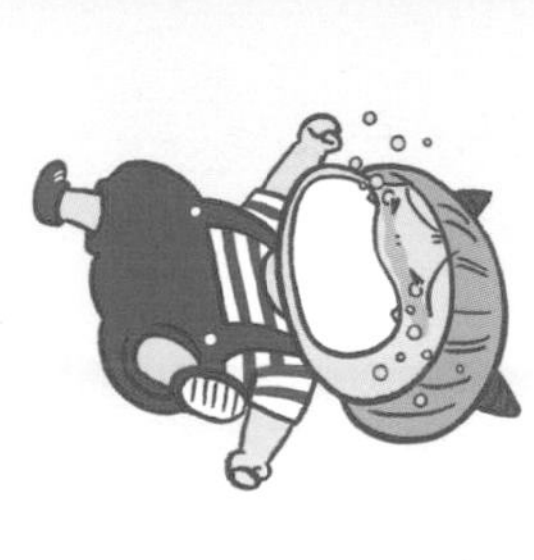

買嘛，買嘛，買給尼尼！

圖 原愛美
文 Keropons
譯 詹慕如

尼尼最愛吃爆米花了。

惡魔城暢銷冠軍！
爆米花
POPCORN
POPCORN

爆、爆、爆米花！

買嘛，買嘛，買給我！

POPCORN
POPCORN

爆、爆、爆米花！

今天不買喔，

家裡還有好多點心呢。

爆、爆、爆米花！

買嘛，買嘛，買給我！

爆、爆、爆米花！

下次再買喔。♪

惡魔城暢銷冠軍！
爆米花
POPCORN
POPCORN

爆、爆、爆米花！

買嘛，買嘛，哼哼哼！

爆ㄅㄠˋ、爆ㄅㄠˋ、爆ㄅㄠˋ米ㄇㄧˇ花ㄏㄨㄚ！

買嘛，買嘛，買嘛！

哼哼哼哼哼！

啊！

好啊，我們買一桶爆米花吧。

爆、爆、

爆米花……。

爆、爆、

爆米花……。

尼ㄋㄧˊ尼ㄋㄧˊ也ㄧㄝˇ想ㄒㄧㄤˇ要ㄧㄠˋ啦˙ㄌㄚ！

買ㄇㄞˇ嘛˙ㄇㄚ！買ㄇㄞˇ嘛˙ㄇㄚ！買ㄇㄞˇ嘛˙ㄇㄚ！買ㄇㄞˇ嘛˙ㄇㄚ！

唉，這孩子真是的……。

不過，

媽媽知道喔……

尼ㄋㄧˊ尼ㄋㄧˊ最ㄗㄨㄟˋ愛ㄞˋ
吃ㄔ爆ㄅㄠˋ米ㄇㄧˇ花ㄏㄨㄚ了ㄌㄜ˙，
對ㄉㄨㄟˋ吧ㄅㄚ？

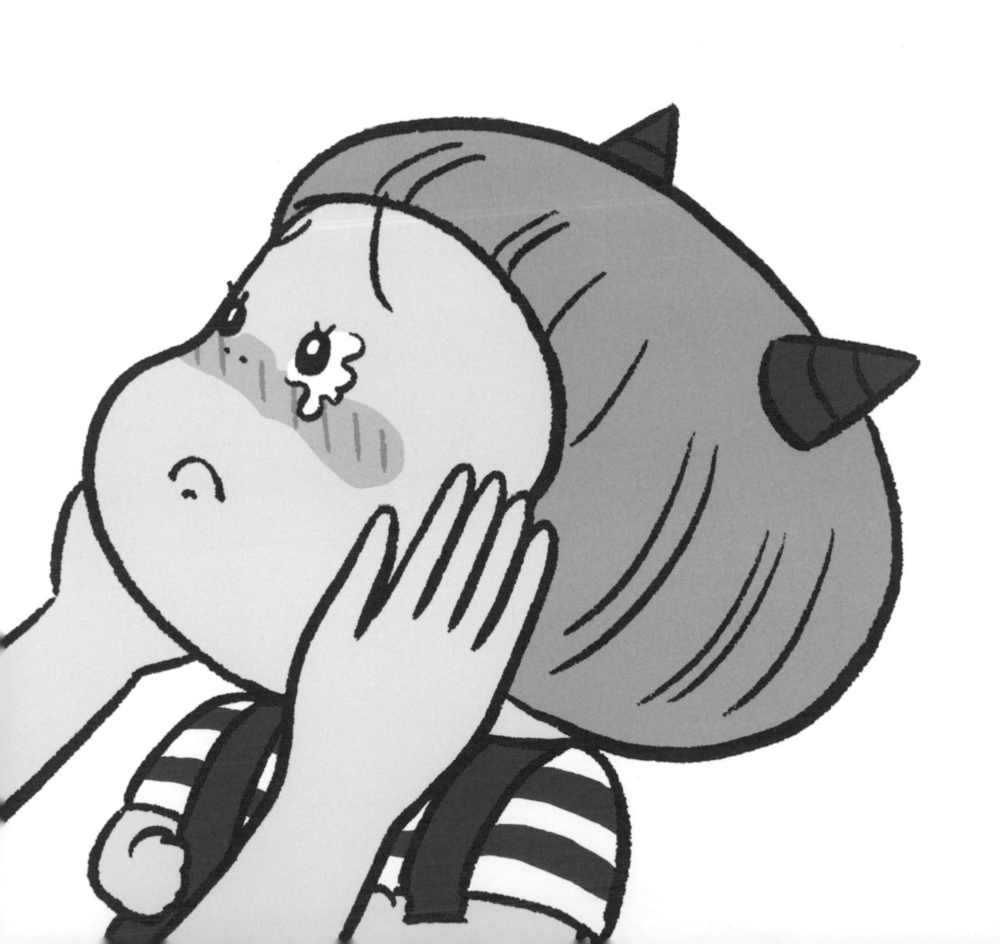

不然，

我們明天一起動手做爆米花，

你說好不好？

好！

尼尼今天真棒！

爆ㄅㄠˋ、

暴ㄅㄠˋ米ㄇㄧˇ花ㄏㄨㄚ！
砰ㄆㄥ、砰ㄆㄥ、砰ㄆㄥ！
真ㄓㄣ好ㄏㄠˇ吃ㄔ！

繪本 0319

買嘛，買嘛，買給尼尼！

圖｜原愛美　文｜ Keropons　譯｜詹慕如

責任編輯｜張佑旭　美術設計｜廖瑞環　行銷企劃｜張家綺
天下雜誌群創辦人｜殷允芃　董事長兼執行長｜何琦瑜
媒體暨產品事業群
總 經 理｜游玉雪　副總經理｜林彥傑　總 編 輯｜林欣靜
行銷總監｜林育菁　副 總 監｜蔡忠琦　版權主任｜何晨瑋、黃微真
出版者｜親子天下股份有限公司　地址｜台北市 104 建國北路一段 96 號 4 樓
電話｜(02)2509-2800　傳真｜(02)2509-2462　網址｜www.parenting.com.tw
讀者服務專線｜(02)2662-0332　週一～週五：09:00 ～ 17:30
讀者服務傳真｜(02)2662-6048　客服信箱｜parenting@cw.com.tw
法律顧問｜台英國際商務法律事務所・羅明通律師
製版印刷｜中原造像股份有限公司
總經銷｜大和圖書有限公司　電話：(02)8990-2588

出版日期｜2023 年 4 月第一版第一次印行
　　　　　2024 年 5 月第一版第五次印行
定價｜300 元　書號｜BKKP0319P　ISBN｜978-626-305-426-4（精裝）

訂購服務 ----------------------------
親子天下 Shopping｜shopping.parenting.com.tw
海外．大量訂購｜parenting@cw.com.tw
書香花園｜台北市建國北路二段 6 巷 11 號　電話 (02)2506-1635
劃撥帳號｜50331356 親子天下股份有限公司

立即購買 >

圖　原愛美

插畫家、藝術總監。
從人物設計至廣告涉足多領域。
以自家兩歲多孩子為範本設計出細膩寫實且惹人憐愛的小尼尼形象。

文　Keropons

增田裕子和平田明子所組成的音樂團體。
創作出適合孩子歌謠的作詞、作曲與編舞，也在親子演唱會或以保育員為對象的講座中演出。除此之外亦發表繪本作品。

國家圖書館出版品預行編目資料

買嘛,買嘛,買給尼尼! / 原愛美圖 ; Keropons 文 ;
詹慕如譯. -- 第一版. -- 臺北市 : 親子天下股份有限公司, 2023.04
40 面 ;19X20 公分. -- (繪本 ; 319) 國語注音
ISBN 978-626-305-426-4(精裝)
1.CST: 育兒 2.CST: 繪本 3.SHTB: 心理成長--0-3 歲幼兒讀物
428.8　　　　　　　　112001113